高等学校水利学科专业规范核心课程配套教材

水利工程测量习题与实验实习指导

主编　武汉大学　邓念武

中国水利水电出版社
www.waterpub.com.cn

内 容 提 要

本书是高等学校水利学科专业规范核心课程教材《水利工程测量》配套的习题与实验实习指导书。包括四个部分及附录：第一部分为根据章节顺序编写的复习思考题和计算题；第二部分为实验指导，包括实验的基本要求和十五个实验指导；第三部分为教学实习指导，包括实习目的和任务、实习组织和计划、实习内容、实习注意事项、实习成果等；第四部分为实验实习的记录表；附录部分介绍了水准仪和经纬仪系列的主要技术参数，测量常用的计量单位及其换算，测量计算中的数值凑整规则等。

本书主要供水利水电工程、农田水利工程、港口与航道工程等专业本科教学使用，也可作为土建类等专业本科生的教学用书和工程技术人员的参考用书。

图书在版编目（CIP）数据

水利工程测量习题与实验实习指导/邓念武主编．—北京：中国水利水电出版社，2009（2022.6 重印）
高等学校水利学科专业规范核心课程配套教材
ISBN 978-7-5084-6438-1

Ⅰ．水…　Ⅱ．邓…　Ⅲ．水利工程测量-高等学校-教学参考资料　Ⅳ．TV221.1

中国版本图书馆 CIP 数据核字（2009）第 050976 号

书　名	高等学校水利学科专业规范核心课程配套教材 **水利工程测量习题与实验实习指导**
作　者	主编　武汉大学　邓念武
出版发行	中国水利水电出版社 （北京市海淀区玉渊潭南路 1 号 D 座　100038） 网址：www.waterpub.com.cn E-mail：sales@mwr.gov.cn 电话：（010）68545888（营销中心）
经　售	北京科水图书销售有限公司 电话：（010）68545874、63202643 全国各地新华书店和相关出版物销售网点
排　版	中国水利水电出版社微机排版中心
印　刷	北京市密东印刷有限公司
规　格	184mm×260mm　16 开本　5.5 印张　130 千字
版　次	2009 年 7 月第 1 版　2022 年 6 月第 3 次印刷
印　数	5001—7000 册
定　价	**22.00** 元

前　　言

《水利工程测量》是教育部批准的普通高等教育“十一五”国家级规划教材，在高等学校水利学科教学指导委员会的指导下，由河海大学和武汉大学共同编写，并被确认为高等学校水利学科专业规范核心课程教材。《水利工程测量习题与实验实习指导》是这本书的配套教材，由武汉大学编写。

水利工程测量习题与实验实习是学生学习测量课程的重要环节，特别在培养学生动手能力、独立分析问题和解决问题能力方面起着重要作用。本书分为习题、实验指导、教学实习指导、实验实习记录表和附录等部分。习题部分紧扣教材，通过练习可以加强对教材基本概念和基本原理的理解和掌握，同时也有一定数量的拔高题。实验指导紧扣教材安排了十五个实验，在传统实验的基础上，加入了一些新仪器的实验项目，如电子水准仪、电子经纬仪、全站仪和 GPS 接收机的实验等。每个实验指导包括实验目的、实验内容、实验计划、实验仪器、技术要求、注意事项和思考题等，这样做使得实验不是简单地完成任务，而是要通过实验加深对测量仪器、测量原理的理解，并且通过思考题深化实验内容。实习环节主要包括测量一定面积的地形图，通过地形图的测绘，提高学生综合应用测量仪器和测量知识解决实际问题的能力。为了方便教师和同学们使用本书，本书将实验实习记录表安排在了后面。在附录部分介绍了水准仪和经纬仪系列主要技术参数，测量常用的计量单位及其换算，测量计算中的数值凑整规则等。

本书由武汉大学邓念武、金银龙、张晓春编写。全书由邓念武统稿，武汉大学叶泽荣教授审稿。

由于编者水平有限，热忱希望广大读者对书中的缺点和错误批评指正。

编　者

2009 年 2 月

目　　录

第三部分　水利工程测量教学实习指导

第四部分　水利工程测量实验实习记录表

附　　录

第一部分　水利工程测量习题

第一章　绪　　论

1. 测量学研究的主要任务是什么？

2. 水利工程测量在水利工程建设中的作用有哪些？

3. 什么叫水准面？什么叫大地水准面？什么叫参考椭球面？

4. 测量工作的基准线、基准面分别是什么？

5. 如何表示地球表面的点位？

6. 什么是绝对高程？什么是相对高程？

7. 确定地面点位的三个基本几何要素是什么？

8. 地球曲率对水平距离测量有什么影响？地球曲率对高程测量有什么影响？

9. 测量工作的基本原则是什么？基本内容是什么？

第二章　水准仪及水准测量

1. 水准测量中，仪器视线高应为哪两者之和？同一测站，当后尺读数大于前尺读数时，说明后尺点与前尺点哪点高？

2. 水准仪主要由哪三部分组成？在使用水准仪时，操作步骤有哪三步？

3. 转动目镜对光螺旋的目的是什么？转动物镜对光螺旋的目的是什么？

4. 什么叫圆水准器轴？什么叫管水准器轴？水准仪上圆水准器和管水准器的作用分别是什么？

5. 水准管的分划值、灵敏度及其内壁的圆弧半径三者之间有何关系？

6. 什么叫转点？转点的作用是什么？

7. 测站校核可以采用哪两种方式？

8. 水准测量的路线形式有哪几种？

9. 微倾式水准仪有哪些主要轴线？他们之间应该满足哪些几何条件？哪个是主要条件？为什么？

10. 什么叫视差？产生视差的原因是什么？如何消除？

11. 在进行水准路线闭合差的调整与高程计算时，高差闭合差分配的原则是什么？

12. 在水准测量时，将水准仪安置在前后尺等距处可以消除或削弱哪些误差？

13. 已知某水准仪的水准管分划值为20″/2mm，当尺子距离仪器41.2m时，欲使因水准管气泡不居中而产生的误差不超过2mm，问气泡偏离中心位置应不超过几格？

14. 水准尺倾斜对测量成果有何影响？如果要求水准尺倾斜所引起的误差不超过

2mm，当读数为 2m 时，允许水准尺倾斜多少度？

15. 水准测量中，设后尺 A 的读数 $a=2.113$m，前尺 B 的读数为 $b=1.398$m，已知 A 点高程为 125.230m，则视线高程为多少？

16. 水准测量时，由 A 点向 B 点进行测量，测得 A、B 两点之间的高差为 0.506m，如果 B 点水准尺的读数为 2.376m，则 A 点水准尺的读数应该是多少？

17. 检验水准仪的 i 角时，A、B 两点相距 80m，将水准仪安置在 A、B 两点等距处，测得高差 $h_{AB}=0.125$m，将水准仪安置在距离 B 点 2～3m 的地方，测得的高差为 $h'_{AB}=0.186$m，则水准仪的 i 角为多少秒？

18. 某测区布设一条闭合水准路线，已知水准点 BM_0 的高程为 500.310m，各测段的高差及单程水准路线长度如表 1－1 所示，请按一般水准测量的限差要求判断成果是否合格，并计算出 1、2、3 三个待定水准点的高程。

表 1－1

路线段	路线长（km）	高差（m）	路线段	路线长（km）	高差（m）
BM_0～1	0.75	1.067	2～3	1.25	1.894
1～2	0.85	2.354	3～BM_0	1.15	－5.331

第三章　经纬仪及其使用

1. 什么是水平角？能测量水平角的仪器需要满足什么条件？

2. 什么是竖直角？能测量竖直角的仪器需要满足什么条件？

3. 从测角原理、角度取值范围等方面，谈谈水平角与竖直角有何不同？

4. 使用经纬仪测水平角时，瞄准同一铅直面上的不同目标，水平度盘读数是否一样？

5. 经纬仪主要由哪三部分组成？它的主要轴线有哪些？这些轴线之间应该满足何种关系？

6. 测回法观测水平角时，照准不同方向的目标，应如何旋转照准部？

7. 设在测站点的东南西北分别有 A、B、C、D 四个标志，用全圆测回法观测水平角，以 B 为零方向，则盘左的观测顺序应该是怎样的？

8. 用经纬仪盘左、盘右两个盘位观测水平角，取其观测结果的平均值可以消除哪些误差的影响？

9. 在视准轴垂直于横轴的检验中，为什么要瞄准与仪器大致同高的目标？在横轴垂直于竖轴的检验中，为什么要瞄准一高处目标？

10. 用光学经纬仪观测竖直角，在读取竖盘读数之前，为什么要调节竖盘指标水准管微动螺旋使竖盘指标水准管气泡居中？

11. 什么是竖盘指标差？如何消除竖盘指标差？

12. 水平角观测时，各测回间改变零方向度盘位置是为了削弱何种误差的影响？用测回法对某一角度观测 5 个测回，第 3 个测回零方向的水平度盘读数应配置为多少？

13. 仪器对中误差及目标偏心误差对测角的影响与偏心距 e 和边长 S 各有何关系？

14. 经纬仪视准轴平行于横轴的检验中，瞄准同一目标盘左水平度盘读数为 60°24′18″，盘右水平度盘读数为 240°24′30″。试问这台仪器的视准误差是多少？正确的盘左水平度盘读数是多少？

15. 经纬仪竖盘指标差检验校正时，若用顺时针注记的经纬仪盘左盘右分别瞄准同一目标，得盘左竖盘读数为 75°24′18″，盘右竖盘读数为 284°38′30″。试问这台经纬仪在视准轴水平、指标水准管气泡居中时盘左的竖盘读数是否为 90°？如果不是，应如何校正？

16. 用 J_6 级经纬仪按全圆测回法观测四个测点，其观测资料如表 1－2 所示，试计算各方向值。

表 1－2

测站	测回	目标	水平度盘读数		盘左、盘右平均值 (° ′ ″)	归零方向值 (° ′ ″)	各测回归零方向平均值 (° ′ ″)
			盘左 (° ′ ″)	盘右 (° ′ ″)			
A	Ⅰ	1	0 00 24	180 00 18			
		2	60 58 18	240 58 12			
		3	109 33 42	289 33 42			
		4	155 53 36	335 53 42			
		1	0 00 24	180 00 12			
A	Ⅱ	1	90 16 30	270 16 24			
		2	151 14 24	331 14 30			
		3	199 49 48	19 49 54			
		4	246 09 48	66 09 54			
		1	90 16 24	270 16 30			

第四章　距离测量及直线定向

1. 距离测量的方法有哪些？

2. 钢尺量距有哪两种方法？精度如何？

3. 钢尺量距时如定线不准，则所量结果会偏大、偏小还是不变？

4. 何谓直线定向？为什么要进行直线定向？直线方向的表示方法有哪些？

5. 标准北方向有哪三种？分别是怎么定义的？罗盘仪可以测量什么方位角？你知道陀螺经纬仪可以测量什么方位角吗？

6. 什么叫某一直线的坐标方位角？什么叫象限角？它们有什么区别和联系？

7. 何谓子午线收敛角？何谓磁偏角？

8. 简述相位式测距的原理，相位式光电测距仪为何要采用两个以上的调制频率？

9. 试简述全站仪的功能。

10. 用钢尺在平坦地面上丈量 AB、CD 两段距离，AB 往测为 382.251m，返测为 382.231m；CD 往测为 123.331m，返测为 123.351m，则 AB 与 CD 的丈量精度哪个高？

11. 不考虑子午线收敛角的影响，计算表 1-3 中的空白部分。

表 1-3

线段名称	正方位角	反方位角	正象限角	反象限角
AB				SW24°32′
AC			SE52°56′	
AD		60°12′		
AE	338°14′			

12. 已知直线 AB 的真方位角为 62°11′08″，A 点的磁偏角为 $\delta_A=-2'45''$，则 AB 的磁方位角为多少？

13. 用计算器完成表 1-4 的视距测量计算。其中仪器高 $i=1.37$m，测站高程为 37.21m，竖直角的计算公式为 $\alpha_L=90°-L$（水平距离和高差计算取位至 0.01m，长度单位：m）。

表 1-4

测点	上丝读数 下丝读数	视距间隔 l	中丝读数 s	竖盘读数 (° ′ ″)	竖直角 (° ′ ″)	水平距离 D	初算高差 h'	高差 h	测点高程 H
1	2.086 0.663		1.37	86 15 06					
2	2.675 1.331		2.00	93 21 54					

14. 有一把钢尺，其尺长方程为

$$l_t=30-0.010+1.25\times10^{-5}\times30\times(t-20℃)(\mathrm{m})$$

在标准拉力下，用该尺沿 4°30′的斜坡地面量得的名义距离为 400.554m，丈量时的平均气温为 10℃，求实际平距为多少？

第五章　测量误差的基本知识

1. 什么是真误差？测量误差产生的原因有哪些？

2. 什么是系统误差？什么是偶然误差？他们分别有什么特性？

3. 普通水准尺的最小分划为 1cm，估读水准尺毫米位的误差属于什么误差？水准尺向前或向后方向倾斜，对水准测量读数造成的误差属于什么误差？

4. 偶然误差与真误差有什么关系？

5. 什么是误差传播定律？应用误差传播定律时，等式右边是否要求各项误差必须是独立观测值？

6. 设对某角观测一测回的中误差为±3″，要使该角的观测精度达到±1.732″，需观测几个测回？

7. 在同一观测条件下，对某水平角观测了 10 测回，观测值分别为：

39°40′30″，39°40′48″，39°40′54″，39°40′42″，39°40′36″，39°40′42″，39°40′42″，39°40′48″，39°40′36″，39°40′36″

试计算：

(1) 该角的算术平均值；

(2) 一测回水平角观测中误差；

(3) 算术平均值的中误差。

8. 在一个矩形中，独立丈量了两条相邻边的边长 a、b，其中误差均为 m，试推导由 a、b 边计算所得矩形面积 S 的中误差 m_S 的表达式？

9. 水准测量中若规定红黑面高差之差的容许误差为±5.0mm，试计算红面高差、红黑面读数差及红黑面一站高差中数的中误差。

10. 在水准测量中，若照准和气泡居中的中误差分别为±2″和±1″，现在要求在尺上读数误差不得大于±2mm（允许误差为 2 倍中误差），求仪器到水准尺的距离不得大于多少？

11. 在闭合水准路线测量中 $BM_1 \rightarrow A \rightarrow B \rightarrow BM_1$ 中，$h_1=+0.176$m，$s_1=2$km，$h_2=-2.372$m，$s_2=3$km，$h_3=+2.184$m，$s_3=1$km。已知每千米高差的中误差为 $m=\pm 2$mm，求经过闭合差调整后高差 h'_1 的中误差。

12. 视距测量中，高差的计算公式为 $h=\frac{1}{2}kl\sin 2\alpha+i-s$ 或 $h=D\tan\alpha+i-s$，能否将后式直接微分后换成中误差关系式计算高差中误差 m_h？为什么？如果要根据后式求中误差 m_h，应该怎么做？

13. 水准测量中，每站观测高差中误差为±1.0mm，若要求两待测水准点间高差中误差不大于±5.0mm，问最多可以设多少站？如果从已知点 $H_A=96.023\text{m}\pm 3.0\text{mm}$ 引测 B 点高程，要求高程中误差不超过±5.0mm，问最多可以设多少站？

14. 如图 1-1 所示有三个方向，采用相同的仪器按测回法和全圆测回法进行角度观测，读数中误差为 m_0（只考虑读数误差），试比较采用这两种方法测得角度 α 一测回的精度。

15. 如图 1-2 所示由 3 条同精度观测水准路线测定 G 点的高程，观测结果见表 1-5，若以 10km 长路线的观测高差为单位权观测值，试求：

（1）G 点的最或然高程 H_G；

（2）单位权中误差；

（3）G 点最或然高程的中误差 m_G；

（4）每千米观测高差的中误差 m_{km}。

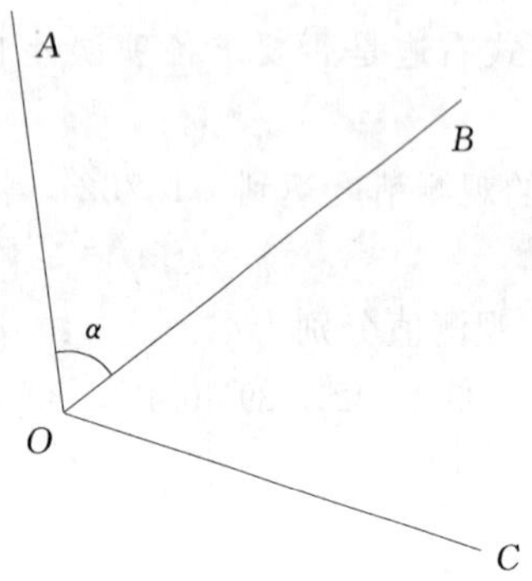

图 1-1

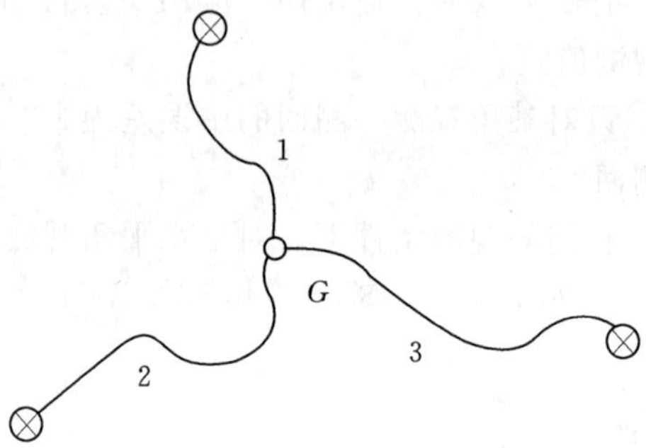

图 1-2

表 1-5

水准路线号	G 点观测高程（m）	路线长（km）
1	112.812	2.5
2	112.805	4.0
3	112.808	4.5

第六章　平面控制测量

1. 平面控制网的布设方法有哪些？各有何优缺点？各在什么情况下采用？
2. 简要说明布设测量控制网应遵循的原则。
3. 导线的起算数据至少应该有哪些？观测数据应该有哪些？导线计算的目的是什么？
4. 导线坐标计算的一般步骤是什么？
5. 导线测量角度闭合差的调整方法是什么？
6. 附合导线与闭合导线坐标计算的主要区别在哪里？
7. 试简述三角测量的基本原理。
8. 三角测量的外业工作有哪些？
9. 常用前方交会定点方法有哪些？

10. 某闭合导线，其横坐标增量总和为－0.30m，纵坐标增量总和为＋0.40m，如果导线总长度为1200.00m，试计算导线全长相对闭合差和边长每100m的坐标增量改正数。

11. 如表1－6测得右角值及各边长试计算闭合导线各点坐标，长度单位为m。

表1－6

点号	角度 (° ′ ″)	改正数 (″)	改正后角值 (° ′ ″)	坐标方位角 α (° ′ ″)	距离 D	坐标增量及改正数				改正后坐标增量		坐标	
						Δx	δ_x	Δy	δ_y	$\Delta' x$	$\Delta' y$	X	Y
1	85 18 30			74 20 00	178.77							200.00	200.00
2	87 25 30				136.85								
3	88 36 06				162.92								
4	98 39 40				125.82								
1													
$\sum$													

$\sum\beta_{理}=$

$f_\beta=$

$f_{\beta允}=$

$\sum D=$

$f_x=$　　　　$f_y=$

$f=\sqrt{f_x^2+f_y^2}=$　　　　$K=\frac{f}{\sum D}=$

$\sum\Delta x=$　　　　$\sum\Delta y=$

12. 在图1－3中，导线附合在三角点 B、C 上，其观测数据如图1－3所示，已知 B 点坐标：$x_B=5806.00\text{m}$，$y_B=785.00\text{m}$，C 点坐标：$x_C=5475.62\text{m}$，$y_C=1223.10\text{m}$，AB 边的方位角 $\alpha_{AB}=149°40'00''$，CD 边的方位角 $\alpha_{CD}=8°52'55''$，试计算导线点1、2的坐标。

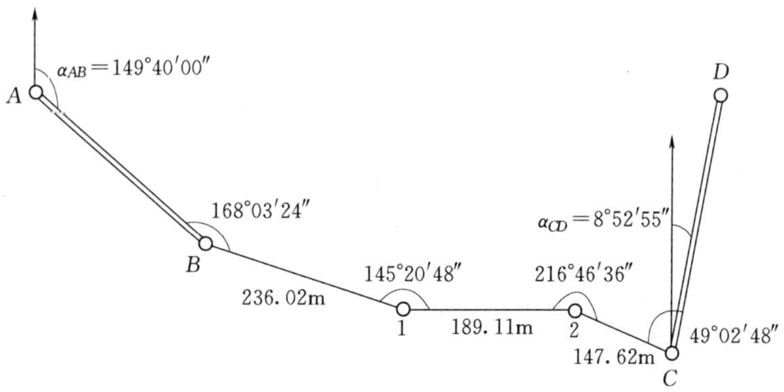

图1－3

13. 为了满足测图的需要，如图1－4所示按照前方交会方法加密了控制点，已知 A 点坐标：$x_A=812.12\text{m}$，$y_A=786.00\text{m}$，B 点坐标：$x_B=475.86\text{m}$，$y_B=223.51\text{m}$，$\alpha=$

49°40′22″，$\beta=68°42'35''$，求加密点 P 的坐标。

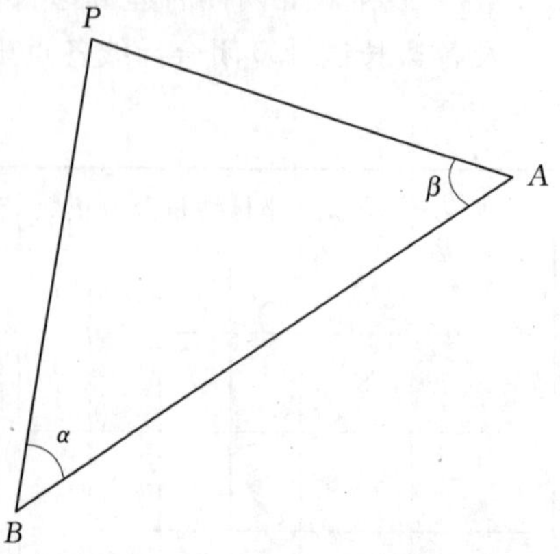

图 1－4

第七章　高 程 控 制 测 量

1. 三等、四等水准测量中每站的观测顺序是否有区别？为什么要采用这样的观测顺序？

2. 水准测量中为什么一般要求布设偶数站？

3. 三等、四等水准测量的计算应该注意哪些校核？

4. 三角高程测量中，采用对向观测可以消除什么的影响？

5. 试简述跨河水准的基本方法。

6. 试简述你所知道的高程测量的方法及其基本原理？

7. 根据图 1－5 所列的四等水准测量的观测数据，按照四等水准记录表进行记录计算，并进行校核，检验各项误差是否超限，并求出总高差。

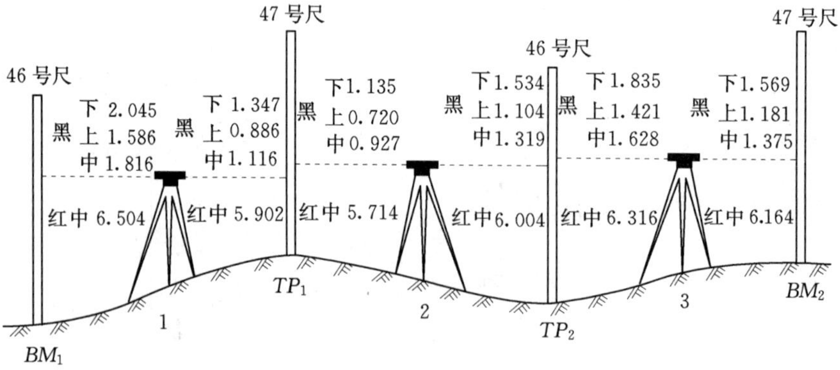

图 1－5

8. 某测量小组利用三角高程法测量 AB 两点高差，仪器安置于 A 点瞄准 B 点，测得竖直角为 2°30′42″，视距间隔为 0.82m，中丝读数为 1.54m，已知 A 点高程 103.50m，仪器高 1.5m，求 B 点高程（不考虑观测环境的影响）。

第八章　全 球 定 位 系 统

1. GPS 工作卫星距离地面的平均高度是多少？

2. 全球定位系统主要由哪三部分组成？

3. GPS 地面监控系统包括哪些部分？

4. GPS 定位测量方式可以分为哪几种？

5. GPS 定位根据待定点位的运动状态可以分为哪几种？

6. 卫星信号包含哪些内容？

7. 简述 WGS－84 坐标系的定义。

8. 阐述实时差分定位的基本原理。

9. GPS 网的精度指标，通常以网中相邻点之间距离误差 m_d 来表示

$$m_d=\pm(a+b\times10^{-6}D)$$

试说明上式中 a、b 含义。

10. 伪距定位分单点定位和多点定位，在单点定位时，需要锁定至少多少颗卫星才能求出接收机点的坐标？

11. GPS 网的网形布设形式有哪些？

第九章　地 形 图 的 测 绘

1. 什么叫地形图比例尺？

2. 比例尺精度是如何定义的？有何作用？比例尺为 1:1000、1:2000、1:5000 地形图的比例尺精度分别是多少？

3. 绘制地形图时，地物符号分为哪几类？

4. 什么叫等高线？它有哪些特性？

5. 什么叫等高距和等高线平距？

6. 山脊的等高线与山谷的等高线有什么区别？

7. 典型地貌有哪些？

8. 测站点加密的方法有哪些？

9. 测量碎部点平面位置的基本方法有哪些？各适用于什么情况？

10. 如何测量地貌点？如何根据地貌点绘制等高线？

11. 经纬仪测绘法测图时，测绘点的工作内容包括哪些？

12. 水下地形测绘所用仪器有哪些？各自的作用是什么？

13. 地面数字测图有几种形式？各有什么特点？

14. 地面数字测图的外业和内业的工作流程分别是什么？

15. 数字测图与传统测图相比有什么优点？

第十章　地形图的应用

1. 请说明 3 度带与 6 度带中央子午线之间的关系。

2. 我国境内某点的高斯横坐标 $Y=24265759.13\text{m}$，则该点所处于高斯投影度带的带号、中央子午线经度、横坐标的实际值分别是多少？该点位于其投影带的中央子午线的哪一侧？能否判断出该点所在的投影带是几度带？

3. 能否写出 J50G093089 这幅图对应的比例尺大小？试分析该图所在投影带的中央子午线度数。

4. 地形图的分幅方法有哪些？

5. 地形图应用的基本内容包括哪些？

6. 坡度的定义是什么？

7. 在比例尺为 1:2000、等高距为 2m 的地形图上，要求从 A 到 B 以 5%的坡度选定一条最短的路线，则相邻两条等高线之间的最小平距是多少？

8. 用公式 $R_{AB}=\arctan\dfrac{\Delta y_{AB}}{\Delta x_{AB}}$ 计算出的象限角 R_{AB}，如何将其换算为坐标方位角 α_{AB}？

9. 一般从图上量取距离的中误差为 ±0.2mm，图上点平面位置的中误差为 ±0.75mm，测设的精度为 ±0.5m，如果要求放样点的点位误差不超过 ±1.0m，试问选用 1:2000 比例尺的地形图能否满足需要？

第十一章　施工放样的基本工作

1. 放样与测图的主要区别何在？放样的精度与哪些因素有关？

2. 如何建立施工坐标系？施工坐标系和测量坐标系如何转换？

3. 点的平面位置放样的基本方法有哪些？各有什么优缺点？

4. 测设圆曲线主点的五个元素是什么？它们之间有什么关系？

5. 某钢尺的尺长方程式为 $L_0=30+0.005+1.2\times10^{-5}\times30(t-20℃)$ 用它来放样距 A 点 26.524m 的 B 点，已知 A、B 高差为 −1.2m，放样时温度为 35℃，求放样时钢尺应量出的距离。

6. 已知 $\alpha_{mn}=300°00'00''$，$X_m=14.50\text{m}$，$Y_m=85.80\text{m}$，$X_a=29.00\text{m}$，$Y_a=47.40\text{m}$。试计算经纬仪安置在 m 点用极坐标法测试 a 点所需的数据，并绘制草图。

第十二章　大坝施工测量

1. 按大坝施工顺序需要进行的测量工作有哪些？

2. 试述确定坝轴线的基本方法。

3. 在土坝控制测量中如何进行坝身控制线的放样？

4. 如何布设土坝施工放样的高程控制网？

5. 土坝坡脚线放样的基本方法有哪些？

6. 混凝土坝施工控制测量中的基本平面控制网级别及精度要求是什么？

7. 如何进行直线型重力坝的立模放样？

第十三章 隧洞施工测量

1. 由两端对向开挖的隧洞，其贯通误差有哪些？

2. 隧洞施工测量包括哪几部分？其目的分别是什么？

3. 对于较长的隧洞，施工平面控制网的型式有哪些？

4. 对于直线型隧洞，如何进行洞内定向？

5. 试简述旁洞、斜洞的洞外定线测量方法。

6. 试简述通过竖井传递开挖方向和高程的方法。

第十四章 渠道测量

1. 如何进行渠道的踏勘选线？

2. 渠道中线测量包括哪些内容？

3. 什么叫中心桩、里程桩和加桩？

4. 如何进行纵断面测量？精度要求如何？

5. 如何进行横断面测量？

6. 如何进行土方量的计算？

7. 简述边坡桩放样的方法。

8. 有一盘山渠，已知渠首引水高程为 58.500m，渠深 1.500m，渠道坡降为 1/3000，试求离渠首 3.6km 处 B 点的渠顶高程，若该点附近有一水准点 BM_1 的高程 58.055m，将水准仪置于 BM_1 和 B 点之间，在 BM_1 水准尺读数为 1.732m。试求 B 点的前视读数。

9. 根据图 1-6 所列渠道纵断面水准测量的观测数据，请编制记录表格，在记录表格中填入所测数字，并用视线高法计算各中心桩的高程（已知 $H_{BM_1}=36.143$m，$H_{BM_2}=38.566$m）。

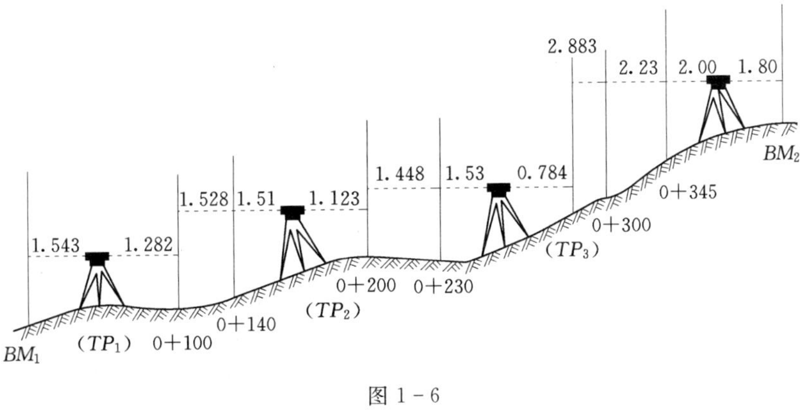

图 1-6

第十五章 线路工程测量

1. 线路工程测量的主要任务是什么？
2. 在线路初测中，水准测量又称为什么？根据精度不同可分为哪几类？
3. 在线路定测中，交点的测设方法有哪些？
4. 在线路测量中，里程桩的作用是什么？
5. 中线恢复的内容是什么？如何进行恢复？
6. 如何进行路基放样？
7. 如何进行桥梁的施工控制测量？

第十六章 工业与民用建筑施工测量

1. 在设计建筑基线时应注意些什么？
2. 如何进行建筑方格网主轴线的测设？
3. 如何进行厂房矩形控制网的测设？
4. 如何进行厂房柱列轴线的放样？
5. 民用建筑施工放样的主要测量工作有哪些？
6. 在高层建筑物的施工测量中，如何进行轴线投测和高程传递？
7. 三维坐标法的基本原理是什么？

第十七章 大坝变形观测

1. 大坝变形观测的目的是什么？
2. 水平位移观测的方法有哪些？
3. 视准线法观测水平位移的基本原理是什么？
4. 如何应用波带板激光衍射法观测大坝变形？
5. 有浮托的引张线由哪几部分构成？
6. 挠度观测的基本原理是什么？
7. 大坝垂直位移观测方法有哪些？它们的基本原理是什么？

第二部分　水利工程测量实验指导

水利工程测量实验的基本要求

水利工程测量是一门实践性很强的课程，在整个水利工程测量的教学过程中，实验是必不可少的教学环节。

实验课的目的一方面是巩固和加深学生所学的水利工程测量的基本理论和基本操作方法。通过实验，进一步认识测量的基本原理、测量仪器的基本构造和性能，掌握测量仪器的使用方法，同时通过学生亲自操作、记录和计算，提高他们分析问题和解决问题的能力。另一方面，培养学生的实际动手能力，养成学生认真负责的工作态度和严谨求实的工作作风。

一、水利工程测量实验的一般要求

（1）实验前应认真阅读实验指导书，做好预习，明确实验目的和要求，方法和步骤，记录与计算规则，以保证按时并保质保量地完成实验任务。

（2）严格遵守作息时间，不得迟到或无故缺课，同组学生不得以任何借口代替缺课者完成本次实验。实验因故缺课者，应另找时间补做，并由实验室教师签字方能认可。

（3）上实验课时，学生应认真听取教师对本次实验方法和具体要求的讲解和布置，再以实验小组为单位到实验室填写仪器领用单，领用时应检查仪器、工具是否完好。在实验时，学生应像爱护自己的眼睛一样爱护仪器和工具。

（4）每个小组应按照要求有计划地完成实验内容，每个学生应轮流完成各个实验环节。同学之间要相互配合，相互学习，遇到困难或发现问题要及时解决，不要相互埋怨。

（5）实验时要求爱护校园内的各种设施和花草树木。

（6）实验结束时，应当场提交实验成果，经指导教师审阅同意后，才能归还仪器。如果成果不合格，应及时重测。

（7）归还仪器前，应清点各项用具。若遗失或损坏仪器或工具，应按规定赔偿。

二、使用测量仪器的注意事项

测量仪器是贵重的精密仪器，也是测绘工作者的武器，实验时应精心使用，小心爱护。

（1）领取仪器时应检查箱盖是否锁好，提带或背带是否牢固。

（2）三脚架是仪器的支架，应安置平稳。松开三脚架到所需高度后应旋紧三脚架螺旋，张开三脚架到一定开度后放置于地面，并踩紧脚架。

(3) 安置好三脚架后，再开箱取出仪器。

(4) 打开仪器箱盖前，应将仪器箱平放在安全的地方再打开。打开仪器后应仔细看清仪器在箱内的安放位置，以便使用完毕后按原位放回。

(5) 用双手握住仪器基座或望远镜的支架，然后取出箱外，当即安放在三脚架上，随后旋紧连接螺丝。

(6) 仪器取出后，必须立即将仪器箱盖好，以防灰尘进入或零件丢失。仪器箱应放在仪器附近，且不得将仪器箱当凳子坐。

(7) 使用仪器时应手轻力小，不得使用蛮劲。不能在没有松动制动螺旋的情况下强制转动仪器。

(8) 操作时，手或脚不要压三脚架或仪器的非操作部分，以免影响精度。

(9) 不得用手或粗布擦拭镜头，不可拆卸仪器。如有故障应立即报告指导教师。

(10) 仪器必须有人看护，不得在仪器旁嬉戏打闹。烈日下必须打伞，以免晒坏仪器或降低测量精度。

(11) 搬动仪器时应小心谨慎。如果距离较短，可直接搬运：需微松各制动螺丝，但仪器与脚架的连接螺丝应旋紧，仪器最好直立抱持或夹三脚架于腋下，左手托仪器向上倾斜。绝对禁止横扛仪器于肩上。如果长距离搬运，应将仪器装入箱内。

(12) 必须爱护其他工具。如钢尺、花杆不得随意抛掷，使用钢尺时不得让车辆压过；拉紧钢卷尺前应检查其是否扭曲；移动钢卷尺时不得直接在地面上拖拉；钢卷尺使用完毕后应擦拭干净；不得用水准尺、花杆抬东西等。

(13) 实验完毕后应按原样将仪器装入仪器箱。放入箱内的仪器各制动螺丝应适度旋紧，以免晃动。

三、水利工程测量实验的记录计算注意事项

实验记录是实验成果的重要组成部分（在实际工程测量中记录是一项重要的原始资料），务必遵守以下几点。

(1) 记录时最好用较硬的铅笔（如 3H 铅笔），观测数据应直接记入指定的表格，记录者应将记入的数据当即向观测者复述一遍，以免读错、听错或记错。

(2) 记录一律用正楷书写，不得潦草。字体大小最好只站格子的下半部分，以便留出空隙更改错误。记错时应用铅笔划去，并在其上方写上正确的数据。记录数据不准转抄、涂写或用橡皮擦掉，绝对不能伪造数据。已改过的数据又发现错误不能再改，应将该部分观测成果废除并进行重测。但对计算数据可以不作此要求。

(3) 记录数据应准确表示观测精度，如在四等水准中要估读到毫米。计算中的凑整问题可参考附录三。

(4) 表格各项内容应填写完整，并有小组全体成员签名，可作为实验课评定成绩的重要依据。

(5) 要严格要求自己，培养正确的作业习惯，所有观测记录应遵守规定要求，否则将根据具体情况部分或全部重测。

实验一　普通水准测量

一、实验目的

了解 DS_3 型水准仪的构造，各部分名称及功能；掌握普通水准测量的观测、记录、计算和校核方法。

二、实验内容

根据场地情况按照普通水准测量方法进行闭合水准路线或附合水准路线测量。

三、实验计划

实验学时为 2 学时，2～4 人一组，轮流分工为：1 人操作仪器，1 人记录计算，2 人立水准尺或将水准尺固定在实验场地的某处。

四、实验仪器

每小组 DS_3 型水准仪 1 台，水准尺 2 把，尺垫 2 个（若水准尺被固定在实验场地，则几个小组共用水准尺，且不需要尺垫）。

五、技术要求

（1）视线长度不得超过 100m。

（2）闭合差的允许值为

$$\Delta h_{允} = \pm 10\sqrt{n}\text{mm}$$

或

$$\Delta h_{允} = \pm 40\sqrt{L}\text{mm}$$

式中：n 为测站数；L 为水准路线长度，km。

六、注意事项

（1）在选择测站或转点时，应尽量避免车辆、行人或相互干扰。

（2）读数前应消除视差，微倾式水准仪应严格注意符合气泡居中。

（3）水准尺应直立，已知高程的水准点上不能放尺垫。

（4）同一测站，圆水准器只能整平一次。

（5）在迁站时，上一站前视尺尺垫不得移动。

七、思考题

（1）在传递高程时，转点的位置可以移动吗？为什么？

（2）在同一测站时，为什么只需整平一次圆水准器？如果在测量过程中发现圆水准气泡偏离，应如何处理？如果仪器只有水准管而没有圆水准器，可以用来进行水准测量吗？

（3）应用微倾式水准仪观测时，每次瞄准水准尺读数前应调节符合气泡居中吗？为什么？

实验二　微倾式水准仪的检验和校正

一、实验目的

了解微倾式水准仪各主要轴线间应满足的几何关系，掌握微倾式水准仪的检验方法，了解微倾式水准仪的校正方法。

二、实验内容

（1）圆水准器轴平行于仪器竖轴的检验和校正。

（2）望远镜十字丝横丝垂直于竖轴的检验和校正。

（3）水准管轴垂直于视准轴的检验和校正。

三、实验计划

实验学时为2学时，2～4人一组，轮流分工为：1人操作仪器，1人记录计算，2人立尺或将水准尺固定在实验场地的某处。

四、实验仪器

每小组DS_3型水准仪1台，水准尺2把，尺垫2个（若水准尺被固定在实验场地，则几个组共用2把水准尺，并不需要尺垫）。

五、技术要求

（1）各项要求经检验如果满足要求，则不需要校正，但必须清楚校正时如何操作。

（2）如果发现不满足要求，则必须在老师的指导下进行校正，校正时用力要轻，以免损坏仪器。

（3）水准管轴平行于视准轴的允许残余误差为3mm。

六、注意事项

（1）检验和校正按照顺序进行，不能任意颠倒。

（2）在选择测站时，可用步测法或目估法将仪器安置在两尺等距处。

（3）测量正确高差后，可以将仪器安置在任意一尺的附近，距离水准尺约3m。

七、思考题

（1）为什么要进行水准仪的检验？

（2）第（3）项检验时，为什么在第二次测量时要将仪器安置在距一水准尺3m左右处？

（3）在第（3）项检验时如何求得正确高差？

（4）水准仪还有其他需要检验和校正的项目吗？

实验三　数字水准仪的认识与使用

一、实验目的

了解数字水准仪的基本构造和性能，认识其主要构件的名称和作用，练习数字水准仪的使用方法。

二、实验内容

指导教师先在现场进行演示操作，然后每组同学应用数字水准仪对立尺点进行两次高差测量。

三、实验计划

实验学时为2学时，4～6人一组，4个实验小组为一实验大组，各小组轮流操作。

四、实验仪器

每个实验大组领取数字水准仪1台，与其配套的水准尺2把，尺垫2个（若水准尺被固定在实验场地，则不需要尺垫）。

五、技术要求

两次高差之差应满足限差要求。

六、注意事项

（1）数字水准仪是非常昂贵的仪器，使用时应非常小心。
（2）数字水准仪安放在三脚架上后，必须旋紧连接螺丝，使其连接牢固。
（3）标尺尽量不要被障碍物遮挡，并且标尺应有一定的亮度。
（4）测量工作结束后应注意关闭电源。

七、思考题

（1）应用数字水准仪进行水准测量有什么优点？
（2）应用数字水准仪进行水准测量时，误差主要来源是什么？
（3）如何用数字水准仪进行路线设计和路线测量？如何将数字水准仪中的数据下载到计算机中？

实验四　测回法测水平角

一、实验目的

了解经纬仪的基本构造和性能，掌握测回法观测水平角的观测、记录和计算方法。

二、实验内容

练习用测回法测水平角。

三、实验计划

实验学时为 2 学时，2～4 人一组，每人观测一个测回，记录一个测回。

四、实验仪器

每组领取经纬仪 1 台，测钎 2 根或觇牌 2 个（或根据实际情况几个组共用测钎或觇牌）。

五、技术要求

使用 6″级的仪器观测时上下两个半测回之差不超过 36″，测回差不超过 24″。各测回的起始读数应加以变换，度盘变换值按 $180°/n$ 计算（n 为测回数）。

六、注意事项

（1）经纬仪安放在三脚架上后，必须旋紧连接螺丝，使其连接牢固。

（2）在利用垂球对中时，对中误差一般不得超过 3mm。整平仪器时，整平误差不要超过半格。

（3）观测过程中，若水准管气泡偏离中心位置，其值不得大于一格。同一测回内气泡偏离居中位置大于一格则需重测该测回。不允许在同一测回内整平仪器。不同测回之间可以重新整平仪器。

（4）表的记录计算一律取到秒，表中的数字，分和秒一律要写两位数字。

（5）在一个测回中，不得重新配置度盘。

七、思考题

（1）用测回法测角时，为什么各测回的起始读数要加以变换，并且变换值按 $180°/n$ 计算？

（2）水平度盘的注记是按顺时针还是逆时针注记？

（3）水平角观测中，若右方目标读数小于左方目标读数，则如何计算角度值？

（4）垂球对中和光学对中的操作要领有什么不同？

实验五　全圆测回法测水平角

一、实验目的

掌握用全圆测回法观测水平角的观测、记录和计算方法。

二、实验内容

练习用全圆测回法测水平角。

三、实验计划

实验学时为2学时，2～4人一组，每人观测一个测回，记录一个测回。

四、实验仪器

每组领取经纬仪1台，测钎3～4根或觇牌3～4个（或根据实际情况几个组共用测钎或觇牌）。

五、技术要求

使用6″级的仪器观测时半测回之归零差不超过24″，各测回同一方向的归零值之差不超过24″。各测回的起始读数应加以变换，度盘变换值按180°/n计算（n为测回数）。

六、注意事项

（1）包括测回法的注意事项。

（2）应选择远近适中、易于瞄准的清晰目标作为起始方向。

（3）上半测回应顺时针旋转照准部逐个瞄准目标进行观测，下半测回应逆时针旋转照准部逐个瞄准目标进行观测。

（4）数据记录时，盘左从上往下顺序记录，盘右从下往上顺序记录。

七、思考题

（1）在全圆测回法中，为什么要规定照准部的旋转方向？

（2）用测回法和全圆测回法进行角度测量可以消除或削弱哪些误差？

（3）在第一个测回，设置起始度盘读数略大于0°有什么好处？

（4）如果在一个测回中，发现水准管偏离中心位置如何处理？

（5）方向经纬仪、复测经纬仪、电子经纬仪、全站仪各是如何配置度盘的？

实验六　经纬仪的检验和校正

一、实验目的

掌握经纬仪的主要轴线之间满足的几何条件，熟悉经纬仪的检验方法，了解其校正方法。

二、实验内容

（1）照准部水准管轴垂直于竖轴的检验和校正。

（2）十字丝竖丝垂直于横轴的检验和校正。

（3）视准轴垂直于横轴的检验和校正。

（4）横轴垂直于竖轴的检验和校正。

（5）竖盘指标差的检验和校正。

三、实验计划

实验学时为 2 学时，2～4 人一组。

四、实验仪器

每组领取经纬仪 1 台，校正针 1 根。

五、技术要求

（1）照准部水准管轴垂直于竖轴的残余误差不超过半格。

（2）视准误差的残余误差不超过 30″。

（3）竖盘指标差的残余误差不超过 30″。

六、注意事项

（1）检验和校正按照顺序进行，不能任意颠倒。

（2）各项内容经检验，如条件满足，则不进行校正，但必须清楚如何校正。

（3）如果发现不满足要求，则必须在老师的指导下进行校正，校正时用力要轻，以免损坏仪器。

（4）检验数据正确时才能进行校正，不要盲目用校正针拨动校正螺丝；校正结束后，各校正螺丝必须处于稍紧状态。

（5）校正完毕后必须再次检验。

七、思考题

（1）在测量水平角时，盘左盘右观测取平均可以消除哪些误差？

（2）在测量竖直角时，盘左盘右观测取平均可以消除哪些误差？

（3）水准管轴稍有不垂直于竖轴（如偏离格数少于 3～4 格）时，在不校正的情况下可以整平仪器吗？如何整平？

实验七 钢尺量距和直线定向

一、实验目的

掌握钢尺量距的一般方法，了解如何使用罗盘仪进行直线定向。

二、实验内容

在平坦的地面上选定大于 30m 的两点，按照钢尺量距的一般方法进行量距，同时测定这两点之间的磁方位角。

三、实验计划

实验学时为 2 学时，4 ～6 人一组。

四、实验仪器

每组领取钢尺 1 把，罗盘仪 1 个，花杆 1 根，测钎 1～2 根。

五、技术要求

(1) 钢尺量距时，往返观测的相对误差应不大于 1/2000。
(2) 正反磁方位角误差应小于 2°。

六、注意事项

(1) 爱护钢尺，不要在地面上拖擦，不要使其折绕和受压，使用完毕擦净卷好。
(2) 丈量时钢尺要拉平，用力均匀一致。
(3) 使用钢尺时要看清零点，读数至毫米位。
(4) 使用罗盘仪定向时，周围不要有电磁场干扰。
(5) 罗盘仪使用完毕后应固定磁针。

七、思考题

(1) 为什么地面点之间的距离要丈量水平距离?
(2) 如何在钢尺量距时克服定向误差、拉力误差等的影响?
(3) 罗盘仪定向的意义是什么?
(4) 如果不利用罗盘仪测方位角，可以通过哪些途径得到两点的方位角?

实验八 视 距 测 量

一、实验目的

掌握视距测量的观测、记录和计算方法。

二、实验内容

练习使用经纬仪按视距测量的方法测量测站点到测点的距离和高差。

三、实验计划

实验学时为 2 学时，2～4 人一组。每位同学瞄准同一根视距尺观测两次（一次使中丝对准仪器高，另一次使中丝对准一个整数）。

四、实验仪器

每组领取经纬仪 1 台，皮尺 1 把，视距尺若干（可以几个组共用水准尺）。

五、技术要求

（1）水平距离计算到 0.01m，高差计算到 0.01m。

（2）同一台仪器瞄准同一把视距尺观测两次，水平距离的相对误差 $k \leqslant 1/200$，高差误差 $\Delta h \leqslant 3\text{cm}$。

六、注意事项

（1）视距尺应立直。

（2）量取仪器高时，应从测站点量到经纬仪横轴中心处，且精确到厘米位。

（3）读取竖直角前，应使指标水准管气泡居中，竖直度盘读数应读至秒位。

（4）估读视距尺上毫米位时应尽量准确。

七、思考题

（1）与钢尺量距和电磁波测距相比，视距测量测距有什么特点？

（2）与水准测量相比，视距测量测高差有什么特点？

（3）视距测量误差的主要来源是什么？

实验九　全站仪的认识和使用

一、实验目的

(1) 了解全站仪的构造和性能。
(2) 熟悉全站仪的基本使用方法。

二、实验内容

应用全站仪进行水平角、竖直角、斜距、平距和高差测量。

三、实验计划

实验学时为2学时，2～4人一组，每个小组按测回法测量一测回的水平角和一测回的竖直角，并测量两点（测站点和测点）之间的斜距、平距和高差。

四、实验仪器

每组全站仪1台，2m小卷尺1把，棱镜2个（也可以几个组共用2个棱镜）。

五、技术要求

(1) 应用6″级全站仪观测时，水平角测回差小于24″，竖直角测回差小于24″。
(2) 水平距离测回差小于规范要求。

六、注意事项

(1) 在指导教师演示完毕后方可进行操作。
(2) 严禁将望远镜镜头对准太阳或其他强光。
(3) 拆、装电池时应关闭电源开关。
(4) 测量工作完毕后应注意关机。
(5) 避开高压线、变压器等强电场干扰源，保证测量信号正确。
(6) 在整个实验环节注意轻拿轻放，转动旋钮要用力适当。

七、思考题

(1) 全站仪的基本测量数据有哪些？
(2) 在全站仪中，如何计算平距？
(3) 在测量角度时，全站仪还存在普通光学经纬仪的仪器误差吗？
(4) 在使用全站仪时如何克服仪器误差？
(5) 你知道哪些型号的全站仪？它们的精度如何？

实验十　四等水准测量

一、实验目的

进一步熟悉水准仪的使用，掌握四等水准测量的观测程序、记录和计算方法；了解四等水准测量的主要技术指标，掌握测站校核和线路校核的方法。

二、实验内容

根据场地情况按照四等水准测量方法进行闭合水准路线或附合水准路线测量。

三、实验计划

实验学时为 2～4 学时，4 人一组，轮流分工为：1 人操作仪器，1 人记录计算，2 人立水准尺。

四、实验仪器

每小组 DS_3 型水准仪 1 台，水准尺 2 把，尺垫 2 个。

五、技术要求

（1）前距、后距不得超过 100m。

（2）前后视距差不得大于 3m。

（3）前后距累计差不得大于 10m。

（4）“K＋黑－红”不得超过 3mm。

（5）“$h_{黑}-(h_{红}\pm 0.1)$”不得超过 5mm。

（6）闭合差的允许值为

$$\Delta h_{允}=\pm 6\sqrt{n}\text{mm}$$

或

$$\Delta h_{允}=\pm 20\sqrt{L}\text{mm}$$

式中：n 为测站数；L 为水准路线长度，km。

六、注意事项

（1）需要满足普通水准测量的注意事项。

（2）在选择测站时，用步测法使前后视距大致相等。

（3）在同一测站，应尽量减少前后视读数的间隔时间。

（4）每站观测完毕应立即进行计算，满足要求后才能搬站，若超限应立即重测。

七、思考题

（1）为什么要控制前后距差和前后视距累计差？

（2）在同一测站中，观测完后视再观测前视时需要重新调焦吗？

（3）如果采用“后—前—前—后”的观测方法，可以消除什么误差？

实验十一　GPS 接收机的认识和使用

一、实验目的

（1）了解 GPS 接收机的构造和性能。

（2）熟悉 GPS 接收机的基本使用方法。

（3）加深理解全球定位系统（GPS）的概念。

二、实验内容

（1）认识 GPS 接收机的各个部件。

（2）掌握 GPS 接收机各个部件之间的连接方法。

（3）熟悉 GPS 接收机前面板各个按键的功能。

（4）熟悉 GPS 接收机后面板各个接口的作用。

（5）学会查看 GPS 接收机的接收状态、PDOP 值以及测站经纬度。

（6）学会使用 GPS 接收机采集数据，并给采集的数据编辑文件名；学会 GPS 接收机天线高的输入方法。

三、实验计划

实验学时为 2 学时，4～6 人一组，4 个实验小组为一实验大组，各小组轮流操作。

四、实验仪器

每组 GPS 接收机 1 套，2m 小卷尺 1 把。

五、注意事项

（1）测量型 GPS 接收机价格昂贵，在安置和使用时必须严格遵守操作规程，注意爱护仪器。

（2）使用时仪器注意防潮、防晒。

（3）GPS 接收机主机与天线的接口具有方向性，安置前应小心。

六、思考题

（1）GPS 接收机能测量哪些数据？

（2）目前 GPS 接收机的型号有哪些？

（3）GPS 定位的基本原理是什么？

（4）如何应用 GPS 接收机进行较高精度的定位？

（5）在实际观测中，可视卫星和锁定卫星是什么意思？

实验十二　经纬仪测绘法测地形图

一、实验目的

掌握应用经纬仪测绘法测绘大比例尺地形图的方法。

二、实验内容

在一个控制点上安置仪器，测量周围的地物和地貌点，采用边测边绘的方法。对于地物，应按图例规定绘制地物轮廓线；对于地貌，应根据特征点按规定等高距用内插法勾绘等高线。

三、实验计划

实验学时为 2～4 学时，5 人一组，1 人观测、1 人记录、1 人计算、1 人绘图、1 人立尺，轮流操作。

四、实验仪器

每组经纬仪 1 台，皮尺 1 把，水准尺 1 把，绘图板 1 个，量角器 1 个，图纸 1 张。

五、技术要求

（1）测图比例尺为 1:500。

（2）所有观测项目只观测盘左位置，水平角和竖盘读数读至分，上丝、下丝、中丝读数读至毫米。

（3）碎部点的距离和高程计算至厘米。

六、注意事项

（1）经纬仪的指标差应事先进行检验并校正，指标差应不大于 1′。

（2）应随测、随算、随绘。

（3）选择碎部点时应选择地物和地貌的特征点。

（4）小组成员应密切配合，保质保量地完成测图工作。

七、思考题

（1）在测图时，为什么要将起始方向设置为 0°00′00″？

（2）在绘图时，标注碎部点高程及相关注记时字头应一致向北吗？

（3）在绘图时，你发现了半圆量角器设计的巧妙吗？

实验十三　全站仪的坐标测定和测设

一、实验目的

练习使用全站仪进行设站、坐标测定和坐标放样工作。

二、实验内容

(1) 安置全站仪，利用菜单程序进行设站工作。

(2) 测定地面上一些点的坐标和高程，记录并存储在测量文件和坐标文件中。

(3) 在地面上放样两个已知坐标和高程的点。

三、实验计划

实验学时为 2 学时，3～4 人一组，设站、观测、放样、立跟踪杆，轮换操作。

四、实验仪器

每组全站仪 1 台，2m 钢卷尺 1 把，30m 钢卷尺 1 把，跟踪杆 1 个（带棱镜）。

五、技术要求

(1) 观测和放样只需盘左观测。

(2) 至少观测三个点的坐标，这三个点必须有某种关系，如在一条线上、成直角等，以方便检查测量成果。

(3) 放样两个点后，应根据两点之间的计算距离检查实际放样在地面上点的距离，放样点距离测站点较近时，点间距在地面上不能超过 1cm。

六、注意事项

(1) 在观测前，应认真听老师的介绍，认真阅读说明书上关于设站、测量和放样的介绍。

(2) 采用光学对中的方式安置仪器。

(3) 量取仪器高时应量到毫米位。

(4) 在测量时，跟踪杆应正确地立在被测点上。

(5) 放样时，应根据全站仪的提示先确定放样点的方向，然后指挥跟踪杆在这一方向上前后移动，直到满足要求为止。

七、思考题

(1) 应用全站仪进行测量时有什么优点？

(2) 应用全站仪放样时如何才能较快的放样一个点？

实验十四 数字化机助成图

一、实验目的

练习如何将全站仪中的数据导入计算机，并利用相关软件进行简单的绘图。

二、实验内容

（1）利用连接线和相关程序将全站仪中的数据导入计算机。

（2）熟悉有关的绘图软件，并利用绘图软件绘制少量的地物和地貌。

三、实验计划

实验学时为2学时，2人一组。

四、实验仪器

每组全站仪1台，连接线1根，计算机1台以及相关数据导入软件和绘图软件。

五、技术要求

（1）按照地形图图示要求进行地物的绘制。

（2）按照要求进行等高线的绘制。

六、注意事项

（1）在实验前，应认真听老师的介绍，认真阅读说明书上关于数据传输的介绍，连接线的连接应小心谨慎，不要用力插拔。

（2）数据传输完毕后，应关闭全站仪开关，将全站仪放入仪器箱。

七、思考题

应用数字化机助成图与普通的白纸测图相比有什么优点？

实验十五　渠　道　测　量

一、实验目的

掌握应用水准仪按视线高法进行渠道纵断面测量的方法。

二、实验内容

设计一条 200m 长渠道的中线，测量其纵断面并绘制纵断面图（水平距离比例尺 1:1000，高程比例尺 1:50）。

三、实验计划

实验学时为 2 学时，4 人一组，1 人测量、1 人记录、2 人立尺，轮换操作。

四、实验仪器

每组 DS_3 水准仪 1 台，水准尺 2 把，尺垫 2 个，皮尺 1 把，榔头 1 把，木桩若干。

五、技术要求

（1）中线桩 20m 一个，根据具体地形增加地貌和地物加桩。

（2）纵断面水准测量的高程允许闭合差按五等水准测量的要求执行，其闭合差不得超过 $\pm 10\sqrt{n}$mm（n 为测站数）。

（3）在量中线时只需精确到 0.1m。

（4）在纵断面测量时，后视和作为转点的前视读数必须读至毫米，作为中间点的前视读数读至厘米即可。

六、注意事项

（1）在读作为中间点的前视读数时因无检核条件，所以应认真仔细，以免出错。

（2）由于各桩高程要求不是很高，如果整条水准路线满足限差要求，可以不进行闭合差的调整。

七、思考题

（1）如何应用全站仪进行纵断面的测量？

（2）如何在电子地图上获取断面图信息？

第三部分　水利工程测量教学实习指导

一、实习目的和任务

1. 实习目的

（1）能正确地使用 DS_3 型水准仪及 DJ_6 型经纬仪等测量仪器，并掌握其检验校正方法。

（2）掌握小地区大比例尺地形测量的全过程。

（3）能初步运用测量误差的基本知识，指导有关测量工作，鉴别测量成果的质量，正确地使用各种测量资料，在自学、分析问题以及组织工作能力上有较大提高。

2. 实习任务

完成比例尺为1:500，实地面积为100m×150m的地形图一张。

二、实习组织和计划

（1）本实习是教学实习，是在课堂教学（理论教学和课堂实验）结束之后，在实习场地集中进行的综合性测量实践教学活动，并作为一门独立的实践性环节。测量实习是水利工程测量教学的重要组成部分，必须给予高度重视。

（2）实习时间：一周。

（3）实习地点：教师指定的实习场地。

（4）每个实习小组4～6人，设组长1名。组内一切事务（如实习安排、仪器管理等）由组长全面负责。有关实习项目小组成员应轮流进行，使每个人都得到练习的机会。

三、实　习　内　容

1. 平面控制

一般采用钢尺量距的闭合导线，如有条件，亦可采用红外测距的闭合导线，或两端有基线的三角锁。当采用钢尺量距闭合导线时，应满足下列要求：

（1）水平角观测。用 DJ_6 型经纬仪按测回法测量导线的内角，每个角度测两个测回，测回差不得大于±24″。

（2）丈量导线边边长。采用钢尺量距的一般方法，每边进行往返丈量，往返丈量的相对误差不得大于 1/2000。

（3）方位角测量。用罗盘仪按正反方向测定导线起始边的方位角，正、反方位角的误差不得大于 2°，若在允许范围内取其平均值作为起始边的方位角，也可以联测方位角。

（4）导线计算。计算时角度一律取至秒，边长、坐标增量和坐标一律取至厘米。导线的角度闭合差允许值 $\Delta\beta_{允}=\pm 60''\sqrt{n}$（$n$ 为导线的角度个数），导线全长的相对闭合差不得大于 1/2000，如超限，应分析原因进行返工。

2. 高程控制

（1）在测区内设水准点（测区内若已有水准点，则此项可不做）。

（2）测定平面控制点的高程。用 DS_3 型水准仪按四等水准测量的方法和精度测定所有平面控制点的高程，水准路线应构成闭合或附合路线。闭合差的允许值 $\Delta h_{允}=\pm 20\sqrt{L}$mm（$L$ 为水准路线长度，km）。

（3）高程计算。若高程闭合差在允许范围内，则将误差按距离成比例分配，最后算得各平面控制点的高程（取至毫米）。

3. 测图前的准备工作

（1）编制控制点成果表。

（2）绘制方格网。用钢直尺绘制 10cm×10cm 的方格网（共六个方格面积为 20cm×30cm），方格的长度误差以及对角线的检查误差不得大于 0.2mm。

（3）展绘控制点。根据控制点的坐标将其展绘于方格网内，展绘后应进行边长检查，边长误差在图上不大于 0.3mm。

4. 碎部测量

（1）测站校核。碎部测量前应对测站点的平面位置和高程用视距测量的方法进行校核，观测结果与控制测量成果比较，距离差值在图上不得大于 0.3mm，高程差值不得大于 0.1m。符合要求后方可进行碎部点测量，并将校核结果记于记录本上。

（2）施测碎部。施测碎部时，视距最大长度不得大于 70m，水平角和竖直角取至 1′，水平距离和高程算至厘米，图上碎部点的高程亦注至厘米。字体一律用正楷仿宋体朝北书写。碎部点的间距在图上不得大于 1～3cm。凡固定地物凹凸部分在图上大于 2mm 者，均应测绘。等高线的等高距为 0.5m，对碎部点必须随测、随记、随算、随展绘，做到点点清、站站清。

（3）支点。当局部地区原有控制点不能满足测图需要时，可支点，但支点不得连续多于 2 个。

（4）方向校核。在施测碎部过程中及该站施测完毕时，应重新照准后视点，检查水平度盘读数是否仍为 0°00′00″，其误差不得大于 4′，否则应分析原因，并进行重测。

5. 地形图整饰

碎部外业完成经检查合格后，应按 1:500 比例尺地形图图式以及《水利工程测量》教材第 9 章图 9－9 的格式对地形图进行整饰。

四、实习注意事项

（1）在实习中，必须做到理论与实际相结合，根据各个阶段的任务，认真复习教材有关内容，既提高实际操作能力，又加深和扩大已学到的理论知识，在能力培养上有较大提高，切实达到本实习的目的与要求。

（2）在实习中必须认真、严谨、细致，不符合要求者必须返工。各种记录、计算及图纸必须准确、整齐，力求美观。

（3）注意搞好团结，遇到困难或发生问题要互相体谅，不互相埋怨。出工前要做好各项准备工作，包括预习、作业方法、仪器、工具、组织分工等的准备。

（4）各个小组长要切实负责，合理安排各项工作，应根据实习任务有计划地做好轮换，使每个同学都能亲自参加实习中的各个环节，全面地得到训练和提高。

（5）野外原始记录严禁涂改或重抄，个人应交的成果必须独立进行，不许抄袭，否则作不合格论，并且应妥善保存原始记录。

（6）每项工作完成后，应及时整理、计算。

（7）测量实习时，所用仪器工具较多，借领时应认真清点。每天出测时要根据需要带齐，并检查其性能，有问题时及时到实验室修理、更换。每天收工时应清点，不要丢失，要完好无损地归还仪器工具。

（8）夏天实习时，可早出晚归，中午天气炎热可多休息。

（9）观测过程中，人不能离开仪器，保护好仪器、点位、尺垫等。

（10）注意安全，仪器设站应不影响交通，且少受交通干扰。

（11）注意爱护花木、农作物，保护环境。

（12）注意遵守纪律，不得迟到早退，不得无故缺席，如有特殊情况，必须向指导教师请假，如有旷课或缺勤太多，教师认为未全面掌握实习内容者，将作不及格论。

五、实习成果

	每个小组应交的成果	每个学生应交的成果
地形测量	1. 平面控制测量的各种外业记录 2. 高程控制测量记录 3. 碎部测量记录 4. 地形图	1. 导线计算 2. 水准测量闭合差调整计算 3. 控制点成果表

注 个人成果应装订成册同小组成果一并上交。

第四部分 水利工程测量实验实习记录表

实验一 普通水准测量记录表

日期： 时 间： 天 气：

仪器： 观测者： 记录者：

测站	测点	后视读数（m） 前视读数（m）		高差（m）+	高差（m）−	高程（m）	备注
		后					
		前					
		后					
		前					
		后					
		前					
		后					
		前					
		后					
		前					
		后					
		前					
		后					
		前					
计算校核		Σ后 Σ前	−	−		−	
误差计算			$\Delta h=$ $\Delta h_{允}=\pm10\sqrt{n}$mm= 或 $\Delta h_{允}=\pm40\sqrt{L}$mm=				

实验二　微倾式水准仪的检验和校正记录表

日期：　　　　　　　　　　　时　间：　　　　　　　　　　天　气：

仪器：　　　　　　　　　　　观测者：　　　　　　　　　　记录者：

1. 圆水准器轴垂直于仪器竖轴的检验和校正

	望远镜旋转 180°后气泡偏离情况
检验时	
校正后	

2. 望远镜十字丝横丝垂直于竖轴的检验和校正

	十字丝偏离情况描述
检验时	
校正后	

3. 水准管轴垂直于视准轴的检验和校正

<table>
<tr><td colspan="2">仪器安置位置</td><td>A 尺读数
（m）</td><td>B 尺读数
（m）</td><td colspan="2">高差
（m）</td><td rowspan="3">远尺应对准的
正确读数
（m）</td></tr>
<tr><td rowspan="2">在两尺
等距处</td><td>第一次</td><td></td><td></td><td></td><td rowspan="2">平均高差
（m）</td></tr>
<tr><td>第二次</td><td></td><td></td><td></td></tr>
<tr><td colspan="2">在___尺附近</td><td></td><td></td><td colspan="2"></td><td></td></tr>
<tr><td colspan="2"></td><td></td><td></td><td colspan="2"></td><td></td></tr>
<tr><td colspan="7">按如下要求绘出草图：
（1）绘出 A、B 两尺所在地面的高低情况。
（2）绘出仪器的大致位置（只需绘制仪器安置在水准尺附近的位置即可）。
（3）标明所使用水准仪视准轴的倾斜方向。</td></tr>
</table>

实验三　数字水准仪的认识与使用记录表

日期：　　　　　　　　　　时　间：　　　　　　　　　　天　气：

仪器：　　　　　　　　　　观测者：　　　　　　　　　　记录者：

测站	点号	后距（m）	前距（m）	方向	水准尺读数（m）		（第一次）－（第二次）	高差中数
		前后距差（m）	累计差（m）		第一次	第二次		
				后				
				前				
				后－前				
				后				
				前				
				后－前				
				后				
				前				
				后－前				
				后				
				前				
				后－前				
				后				
				前				
				后－前				
				后				
				前				
				后－前				

实验四　测回法测水平角记录表

日期：　　　　　　　　　　时　间：　　　　　　　　　　天　气：

仪器：　　　　　　　　　　观测者：　　　　　　　　　　记录者：

测站	目标	竖盘位置	水平度盘读数（° ′ ″）	半测回角值（° ′ ″）	一测回角值（° ′ ″）	各测回平均角值（° ′ ″）

实验五　全圆测回法测水平角记录表

日期：　　　　　　　　时　间：　　　　　　　　天　气：

仪器：　　　　　　　　观测者：　　　　　　　　记录者：

测站（测回）	目标	水平度盘读数		盘左、盘右平均值 $\frac{左+右\pm180°}{2}$ (° ′ ″)	归零方向值 (° ′ ″)	各测回归零方向平均值 (° ′ ″)	水平角值 (° ′ ″)
		盘左 (° ′ ″)	盘右 (° ′ ″)				

实验六　经纬仪的检验和校正记录表

日期：　　　　　　　　　　时　间：　　　　　　　　　　天　气：
仪器：　　　　　　　　　　观测者：　　　　　　　　　　记录者：

1. 水准管轴垂直于竖轴的检验和校正

	检验观测	校核观测
气泡偏离格数		

2. 十字丝竖丝垂直于横轴的检验和校正

	情况描述
检验观测	
校核观测	

3. 经纬仪视准轴的检验和校正

观测类型	竖盘位置	水平度盘读数 (°　′　″)	视准误差 (″)	盘右应对准的正确读数 (°　′　″)
检验观测	盘左			
	盘右			
校核观测	盘左			
	盘右			

4. 横轴垂直于竖轴的检验和校正

观测类型	m_1 和 m_2 两点间距离及相关描述
检验观测	
校核观测	

5. 经纬仪竖直度盘指标差的检验和校正记录

观测类型	竖盘位置	竖直度盘读数 (°　′　″)	竖直角 (°　′　″)	指标差 (″)	盘右应对准的正确读数 (°　′　″)
检验观测	盘左				
	盘右				
校核观测	盘左				
	盘右				

实验七　钢尺量距和直线定向记录表

日期：　　　　　　　　　　时　间：　　　　　　　　　　天　气：

仪器：　　　　　　　　　　观测者：　　　　　　　　　　记录者：

1. 钢尺量距

往测	测段					全长（m）
	距离（m）					
返测	测段					全长（m）
	距离（m）					
计算	平均长度：$D_0=\frac{D_{往}+D_{返}}{2}=$ 较差：$\Delta D=D_{往}-D_{返}=$ 相对误差：$K=\frac{\Delta D}{D_0}=\frac{1}{\frac{D_0}{D}}=$					

2. 磁方位角测量

测线	正方位角（°　′）	反方位角（°　′）	平均磁方位角（°　′）

按如下要求绘制草图：

（1）标注磁北方向。

（2）标注正方位角和反方位角的位置及大小。

实验八　视距测量记录表

日　期：　　　时　　间：　　　天　气：　　　仪　器：

测站点：　　　测站高程：　　　仪器高：　　　观测者：　　　记录者：

测点	上丝读数(m) 下丝读数(m)	视距间隔 l (m)	中丝读数 s (m)	竖盘读数 (° ′ ″)	竖直角 (° ′ ″)	水平距离 D (m)	初算高差 h' (m)	高差 h (m)	测点高程 H (m)

实验九　全站仪的认识和使用记录表

日期：　　　　时　间：　　　　天　气：

仪器：　　　　观测者：　　　　记录者：

测站（仪器高）测回数	目标（棱镜高）	竖盘位置	水平度盘读数（° ′ ″）	一测回方向值（° ′ ″）	竖直度盘读数（° ′ ″）	竖直角（° ′ ″）	斜距（m）	平距（m）	高差（m）
		盘左							
		盘右							
		盘左							
		盘右							
		盘左							
		盘右							
		盘左							
		盘右							
		盘左							
		盘右							
		盘左							
		盘右							
		盘左							
		盘右							
		盘左							
		盘右							
		盘左							
		盘右							
		盘左							
		盘右							

实验十　四等水准测量记录表

日期：　　　　　　　　　　时　间：　　　　　　　　　　天　气：

仪器：　　　　　　　　　　观测者：　　　　　　　　　　记录者：

测站编号	点号	后尺 下丝	前尺 下丝	方向及尺号	水准尺读数（m）		K＋黑－红（mm）	高差中数（m）
		后尺 上丝	前尺 上丝		黑面	红面		
		后距（m）	前距（m）					
		前后距差（m）	累计差（m）					
				后				
				前				
				后－前				
				后				
				前				
				后－前				
				后				
				前				
				后－前				
				后				
				前				
				后－前				
				后				
				前				
				后－前				
				后				
				前				
				后－前				
误差计算	$\Delta h=$ $\Delta h_{允}=\pm 6\sqrt{n}$mm＝ 或　$\Delta h_{允}=\pm 20\sqrt{L}$mm＝							

实验十一　GPS 接收机的认识和使用记录表

日　期：　　　　时　　间：　　　　天　气：　　　　仪　器：

测站点：　　　　测站点高程：　　　　仪器高：　　　　观测者：　　　　记录者：

1. 绘制某一时刻的卫星分布图

2. 根据实际测量情况填写下面表格

点号	时间	经度 (°　′　″)	纬度 (°　′　″)	高程 (m)	定位模式	精度因子	锁定卫星	可视卫星

实验十二 经纬仪测绘法测地形图记录表

日期： 时 间： 天 气：

仪器： 观测者： 记录者：

测站： 零方向： 测站高程： 仪器高：

测点	水平角（° ′）	水准尺读数（m）		视距间距（m）	竖直角α		高差（m）	水平距离（m）	测点高程（m）	备注
		中丝	下丝 上丝		竖盘读数（° ′）	竖直角（° ′）				

实验十三　全站仪坐标测定和测设记录表

日期：　　　　　　时　间：　　　　　　天　气：

仪器：　　　　　　观测者：　　　　　　记录者：

1. 设站信息

点类型	坐标（m）		高程（m）	定向方位角
	X	Y	H	
测站点				
后视点				

2. 测定

测站（仪器高）	目标（棱镜高）	水平度盘读数（° ′ ″）	竖直度盘读数（° ′ ″）	竖直角（° ′ ″）	斜距（m）	平距（m）	高差（m）	X	Y	H

3. 测设

测站（仪器高）	目标（棱镜高）	X	Y	H	放样方位角（水平度盘读数）（° ′ ″）	放样平距（m）	放样高差（m）	距离检查（m）

实验十四　数字化机助成图记录表

日期：　　　　　　　　时间：　　　　　　　　仪器：　　　　　　　　绘图者：

描述数字化机助成图的全过程：

实验十五　渠道测量记录表

日期：　　　　　　　　时　间：　　　　　　　　天　气：

仪器：　　　　　　　　观测者：　　　　　　　　记录者：

测站	测点	后视读数（m）	视线高（m）	前视读数（m）		高程（m）	备注
				中间点	转点		
	Σ						
计算校核							
成果校核							

实习表一　测回法测量记录表

日期：　　　　　　　时　间：　　　　　　　天　气：

仪器：　　　　　　　观测者：　　　　　　　记录者：

测站	目标	竖盘位置	水平度盘读数（°　′　″）	半测回角值（°　′　″）	一测回角值（°　′　″）	各测回平均角值（°　′　″）

实习表一　测回法测量记录表（续）

日期：　　　　　　时　间：　　　　　　天　气：

仪器：　　　　　　观测者：　　　　　　记录者：

测站	目标	竖盘位置	水平度盘读数（°　′　″）	半测回角值（°　′　″）	一测回角值（°　′　″）	各测回平均角值（°　′　″）

实习表二　钢尺量距记录表

日期：	时　间：	天　气：
仪器：	观测者：	记录者：

<table>
<tr><td rowspan="2">往测</td><td>测段</td><td></td><td></td><td></td><td></td><td>全长（m）</td></tr>
<tr><td>距离（m）</td><td></td><td></td><td></td><td></td><td></td></tr>
<tr><td rowspan="2">返测</td><td>测段</td><td></td><td></td><td></td><td></td><td>全长（m）</td></tr>
<tr><td>距离（m）</td><td></td><td></td><td></td><td></td><td></td></tr>
<tr><td>计算</td><td colspan="6">平均长度：$D_0=\frac{D_{往}+D_{返}}{2}=$
较差：$\Delta D=D_{往}-D_{返}=$
相对误差：$K=\frac{\Delta D}{D_0}=\frac{1}{\frac{D_0}{D}}=$</td></tr>
</table>

<table>
<tr><td rowspan="2">往测</td><td>测段</td><td></td><td></td><td></td><td></td><td>全长（m）</td></tr>
<tr><td>距离（m）</td><td></td><td></td><td></td><td></td><td></td></tr>
<tr><td rowspan="2">返测</td><td>测段</td><td></td><td></td><td></td><td></td><td>全长（m）</td></tr>
<tr><td>距离（m）</td><td></td><td></td><td></td><td></td><td></td></tr>
<tr><td>计算</td><td colspan="6">平均长度：$D_0=\frac{D_{往}+D_{返}}{2}=$
较差：$\Delta D=D_{往}-D_{返}=$
相对误差：$K=\frac{\Delta D}{D_0}=\frac{1}{\frac{D_0}{D}}=$</td></tr>
</table>

<table>
<tr><td rowspan="2">往测</td><td>测段</td><td></td><td></td><td></td><td></td><td>全长（m）</td></tr>
<tr><td>距离（m）</td><td></td><td></td><td></td><td></td><td></td></tr>
<tr><td rowspan="2">返测</td><td>测段</td><td></td><td></td><td></td><td></td><td>全长（m）</td></tr>
<tr><td>距离（m）</td><td></td><td></td><td></td><td></td><td></td></tr>
<tr><td>计算</td><td colspan="6">平均长度：$D_0=\frac{D_{往}+D_{返}}{2}=$
较差：$\Delta D=D_{往}-D_{返}=$
相对误差：$K=\frac{\Delta D}{D_0}=\frac{1}{\frac{D_0}{D}}=$</td></tr>
</table>

实习表二 钢尺量距记录表（续）

日期：　　　　　　　　时　间：　　　　　　　　天　气：

仪器：　　　　　　　　观测者：　　　　　　　　记录者：

往测	测段					全长（m）
	距离（m）					
返测	测段					全长（m）
	距离（m）					
计算	平均长度：$D_0=\frac{D_{往}+D_{返}}{2}=$ 较差：$\Delta D=D_{往}-D_{返}=$ 相对误差：$K=\frac{\Delta D}{D_0}=\frac{1}{\frac{D_0}{D}}=$					

往测	测段					全长（m）
	距离（m）					
返测	测段					全长（m）
	距离（m）					
计算	平均长度：$D_0=\frac{D_{往}+D_{返}}{2}=$ 较差：$\Delta D=D_{往}-D_{返}=$ 相对误差：$K=\frac{\Delta D}{D_0}=\frac{1}{\frac{D_0}{D}}=$					

往测	测段					全长（m）
	距离（m）					
返测	测段					全长（m）
	距离（m）					
计算	平均长度：$D_0=\frac{D_{往}+D_{返}}{2}=$ 较差：$\Delta D=D_{往}-D_{返}=$ 相对误差：$K=\frac{\Delta D}{D_0}=\frac{1}{\frac{D_0}{D}}=$					

实习表三 四等水准测量记录表

日期： 时 间： 天 气：

仪器： 观测者： 记录者：

测站编号	点号	后尺	前尺	方向及尺号	水准尺读数（m）		K＋黑－红（mm）	高差中数（m）
		下丝	下丝		黑面	红面		
		上丝	上丝					
		后距（m）	前距（m）					
		前后距差（m）	累计差（m）					
				后				
				前				
				后－前				
				后				
				前				
				后－前				
				后				
				前				
				后－前				
				后				
				前				
				后－前				
				后				
				前				
				后－前				
				后				
				前				
				后－前				
				后				
				前				
				后－前				

实习表三　四等水准测量记录表（续）

日期：　　　　　　　　　　时　间：　　　　　　　　　　天　气：

仪器：　　　　　　　　　　观测者：　　　　　　　　　　记录者：

测站编号	点号	后尺 下丝	前尺 下丝	方向及尺号	水准尺读数（m）		K+黑−红（mm）	高差中数（m）
		后尺 上丝	前尺 上丝		黑面	红面		
		后距（m）	前距（m）					
		前后距差（m）	累计差（m）					
				后				
				前				
				后−前				
				后				
				前				
				后−前				
				后				
				前				
				后−前				
				后				
				前				
				后−前				
				后				
				前				
				后−前				
				后				
				前				
				后−前				
				后				
				前				
				后−前				

实习表四　闭合导线计算表

导线等级：　　　计算者：　　　校核者：　　　计算日期：

测站	折角		方位角 (°　′　″)	边长 D (m)	增量计算值		改正后增量		坐标		测站
	观测值 (°　′　″)	改正后角值 (°　′　″)			$\Delta x = D\cos\alpha$ (m)	$\Delta y = D\sin\alpha$ (m)	Δx (m)	Δy (m)	x (m)	y (m)	

实习表五　高程测量计算表

等级：　　　　　　计算者：　　　　　　校核者：　　　　　　日期：

点名	距离或测站数	高差（m）		改正后高差（m）	高程（m）	备注
		观测值	改正值			
误差计算						
路线略图						

实习表六　控制点成果表

计算者：　　　　　　　　校核者：　　　　　　　　日期：

点名	类别	坐标（m）	高程（m）	边长（m）	方位角（° ′ ″）
		X			
		Y			

实习表七 经纬仪测绘法测地形图记录表

日 期： 时 间： 天 气： 仪 器：

测 站： 零方向： 测站高程： 仪器高：

观测者： 记录者：

测点	水平角 (° ′)	水准尺读数 (m)		视距间距 (m)	竖直角 α		高差 (m)	水平距离 (m)	测点高程 (m)	备注
		中丝	下丝 上丝		竖盘读数 (° ′)	竖直角 (° ′)				

附　录

附录一　水准仪和经纬仪系列的主要技术参数

我国对大地测量仪器规定其总代号为“D”，水准仪的代号为“S”，经纬仪的代号为“J”，连写为“DS”、“DJ”。有时书写时也省略代号“D”。

附表 1　　水准仪系列技术参数

项　目			等　级			
			DS_{05}	DS_1	DS_3	DS_{10}
每公里往返高程偶然中误差不超过（mm/km）			±0.5	±1	±3	±10
望远镜放大倍数不小于（倍）			44	40	30	25
望远镜物镜有效孔径不小于（mm）			60	50	42	35
水准管分划值不大于	管状水准器（″/2mm）	符合式	10	10	20	20
		普通式				
	粗水准器（′/2mm）	十字型式	3	3		
		圆水准器			8	8
测微器		测量范围(mm)	5	5		
		最小分划值(mm)	0.05	0.05		
主要用途			国家一等水准测量及精密工程测量	国家二等水准测量及其他精密工程测量	国家三等、四等水准测量及一般工程测量	一般工程水准测量

附表 2　　经纬仪系列技术参数

项　目	等　级				
	$DJ_{0.7}$	DJ_1	DJ_2	DJ_6	DJ_{15}
水平方向测量一测回中误差不超过（″）	±0.7	±1.0	±2	±6	±15
望远镜物镜有效孔径不小于（mm）	65	60	40	40	30
望远镜放大倍率（倍）	30 45 55	24 30 45	28	28	20

续表

项　　目		等　　级				
		$DJ_{0.7}$	DJ_1	DJ_2	DJ_6	DJ_{15}
管状水准管分划值不大于（″/2mm）	水平度盘	4	6	20	30	60
	竖直度盘	10	10	20	30	30
主要用途		一等三角测量、大地天文测量	二等三角测量、变形测量及精密工程测量	三等三角测量及精密工程测量	一般工程测量、图根及地形测量、矿井导线测量	一般工程测量及地形测量、矿井次要巷道导线测量

附录二　测量常用的计量单位及其换算

量名	单位名	符号	换算关系	量名	单位名	符号	换算关系
长度	米	m	1m＝3 市尺	角度	圆周角		1 圆周角＝360°＝2πrad
	分米	dm	1dm＝0.1m				
	厘米	cm	1cm＝0.01m		度	°	1°＝60′＝0.01745rad
	毫米	mm	1mm＝0.001m				
	千米	km	1km＝1000m		分	′	1′＝60″＝0.00029rad
	海里	n mile	1n mile＝1852m				
面积	平方米	m^2			秒	″	1″＝0.000005rad
	平方千米	km^2	$1km^2=10^6m^2=100hm^2$＝1500 亩				
	公顷	hm^2	$1hm^2=10^4m^2$＝15 亩		弧度	rad	$\rho^\circ\approx57.30^\circ$ $\rho'\approx3438'$ $\rho''\approx206265''$
	亩		1 亩＝666.67m^2＝6000 市尺^2				

附录三　测量计算中的数值凑整规则

为了避免凑整误差的迅速累计而影响观测成果的精度，在测量计算中通常常用如下的凑整规则：

（1）若数值中被舍去部分的数值大于所保留的末位数的 0.5，则末位加 1。

（2）若数值中被舍去部分的数值小于所保留的末位数的 0.5，则末位不变。

（3）若数值中被舍去部分的数值等于所保留的末位数的 0.5，则末位凑成偶数。

以上规则可归纳为：4 舍 6 入，逢 5 奇进偶不进。

例：将下列数字凑整成小数后 3 位有效数值。

21.2344 ≈ 21.234，34.4556 ≈ 34.456，23.9845 ≈ 23.984，23.9855 ≈ 23.986，56.8754999≈56.875，103.7625000001≈103.763